猩球大联盟

马 月 主编

吉林文史出版社

图书在版编目（CIP）数据

猩球大联盟 ／ 马月主编． —— 长春 ：吉林文史出版
社，2021.11
　（博雅小书院）
　ISBN 978-7-5472-8136-9

　Ⅰ．①猩… Ⅱ．①马… Ⅲ．①猩猩－少儿读物 Ⅳ．
①Q959.848-49

中国版本图书馆CIP数据核字（2021）第200665号

猩球大联盟
XINGQIU DALIANMENG

主　　编　马　月

责任编辑　宋昀浠

装帧设计　骅容堂文化

印　　刷　天津兴湘印务有限公司

开　　本　720mm×1000mm　1/16

印　　张　8

字　　数　125千字

版　　次　2021年11月第1版　2021年11月第1次印刷

出版发行　吉林文史出版社

地　　址　长春市福祉大路5788号

书　　号　ISBN 978-7-5472-8136-9

定　　价　38.00元

引 言

小朋友们，在游览动物园的时候你们是否留意过这样一种动物，它们有着和人类相似的外表与行为，看起来好像人类的亲戚一般，没错，它们就是猩猩。无论是在动物园这是在马戏场看到猩猩，很多人心里都会产生一种奇特的亲切感，因为它们太像人类了。在动物分类学体系中，人类所处的位置是哺乳纲灵长目人科人属，在这个地球上，与我们亲缘关系最近的几种动物就是人科的其他猿类。猿是最古老的灵长类，也是人类以及现代所有猿猴的共同先祖，其历史可以上溯到6500万年前。

目录

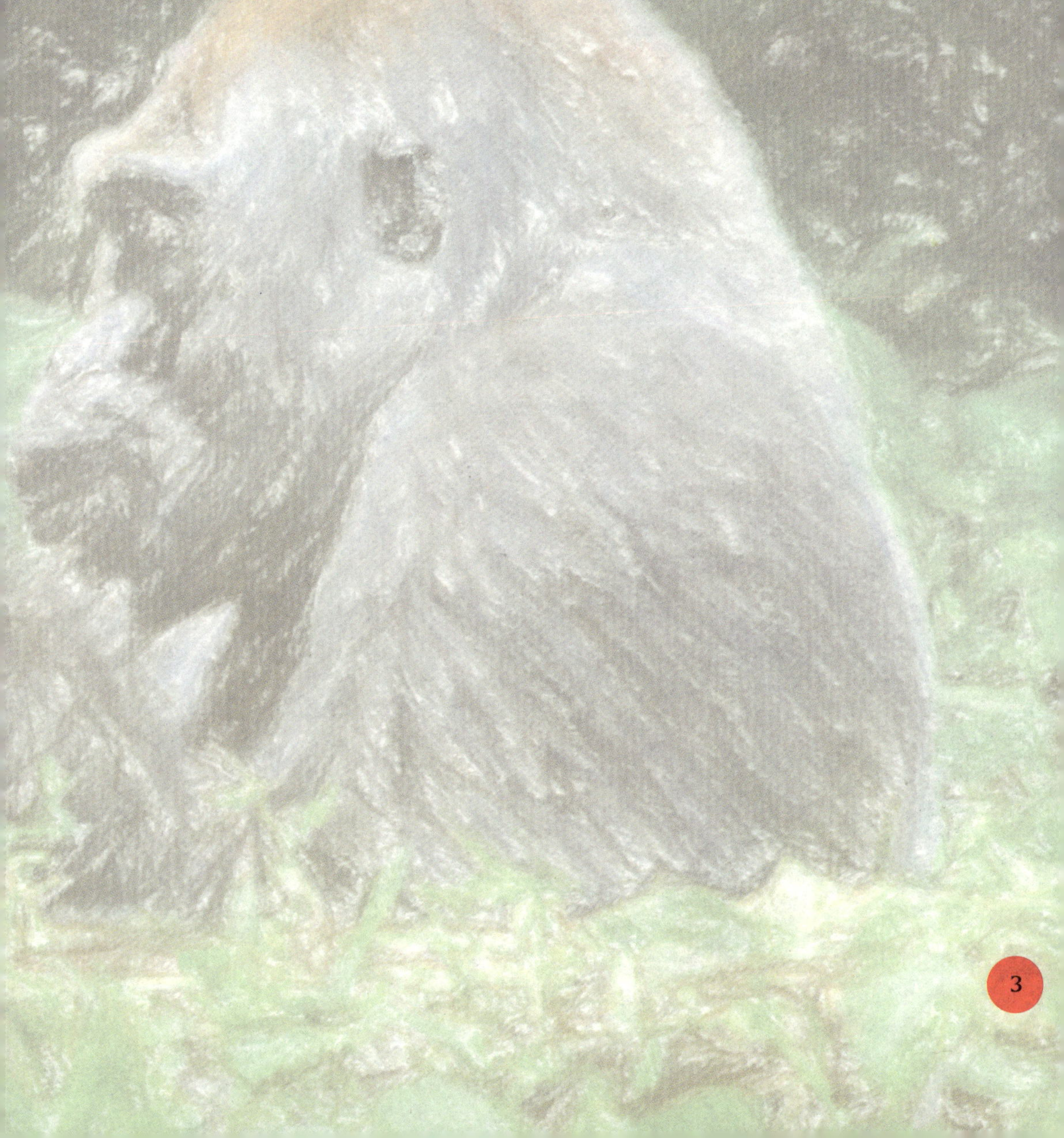

第一章 猩球源起

1 共同的祖先

距今 6500 万年前，是地球的古新世时期，在那时，地球是个温暖平静的世界，广袤的热带森林向赤道两侧伸展，远远超出了今天的范围。欧、亚、非三大洲到处是热带森林，北美大部分是丛林。当时的北美洲与欧洲通过格陵兰连成一片大陆。在这片森林的居民中，有一大群长有尾巴，外形像老鼠的哺乳动物。它们今天的近亲是一批专门吃昆虫和果实的哺乳动物，如田鼠、豪猪和鼹鼠。可能由于地面上竞争过于激烈，也可能由于树上存在比地面上更为丰富的食物，一些早期的哺乳动物开始爬上树去，以果实、昆虫、鸟蛋、幼鸟等为食。

今天非洲和亚洲仍残存这种早期灵长类的子孙，它们被称为"原猴"，其中包括颇有名气的狐猴和眼镜猴。

这些原猴几千万年来体形、骨骼几乎没有什么变化，非常适应它们的生存环境。但是，另外一些种类变化很大，从中迅速辐射演化出生存于当今世界上的所有原猴、猴、猿及人类。

猿是灵长目人猿总科动物的通称，包括两个科，其成员分别有黑猩猩、大猩猩、长臂猿等等。早期猿类起源于旧世界猴，大约2500万年前开始出现。现代小猿在1800万年前出现，猩猩则出现于1400万年前，大猩猩出现于700万年前，人类和黑猩猩则在300万~500万年前出现。

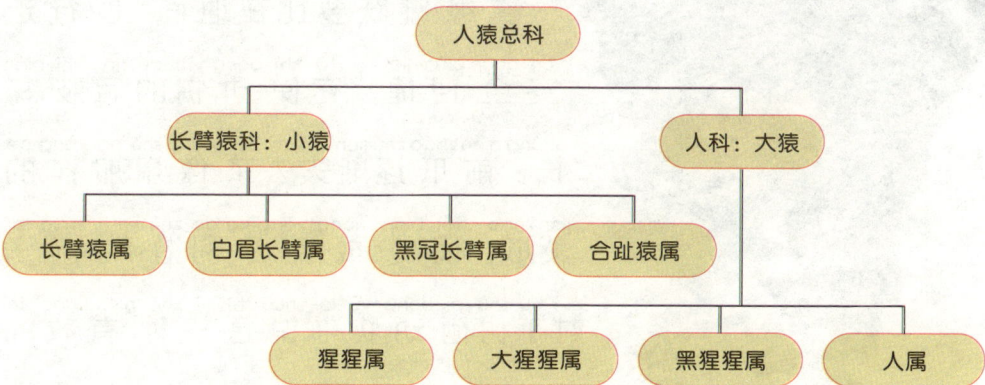

2 进化的力量

在 3000 万年的漫长岁月中，早期的原猴进化很快，促使它们进化的动力可能是环境变化，气候波动，或其他与其相关的变化。即使是微小的变化，都有可能影响到一个物种的演变方向，日积月累，在某些地方不同适应方式的新的种群就会出现。

树栖生存往往可以促使一些种群迅速演化。在树上攀缘跳跃要比在地面上行走安全便捷，它使动物的后肢变长，前爪逐渐失去了像鼠那样的尖爪，而变成扁平的指甲。爪子对于树栖动物来说是一种有效的适应，便于攀缘树木的枝干，但下树时就会显得非常笨拙，并且在悬吊抓握时不甚方便。当前肢进化成抓握的手时，爪子就显得累赘了，所以在大部分灵长类中，爪子进化成了指甲，只有一小部分灵长类仍然保留了爪子，主要用来梳理毛发。手指和脚趾都变长了，变得更加灵活。这些动物还保留了尾巴，可以起平衡作用或成为帮助抓握的器官。它们演化成直立的姿势，并能大幅度地转动脑袋。

由于它们出现了特有的神经系统，以精确控制肌肉运动，大

脑的灰质层也大大扩展。这些进化改善了这些新型动物在树

枝上做迅速和突然运动的应变能力，比如抓住一根树枝的

同时捕捉一个快速移动的昆虫或小蜥蜴。

跳跃、攀援和把握，成为它们生活的一部分，视觉变得

比嗅觉更重要。视力的进化对于树栖动物来说，比地栖动物

更重要。因为树栖时往往要判断一只昆虫或一根树枝

的准确位置和距离，这就必须有立体的视野。举个例子，像兔子这样的动物，它们的眼睛长在脑袋两侧，这样可以时刻警惕来自左右和背后的袭击，而不必观察它们吃的东西。因为草不会移动，它们靠鼻子和嘴巴就能定位。再则，吃草也不需要很高的天分，不像生活在树上的灵长类专门在树梢捕捉昆虫，始终要应付三维空间环境中的敌害。

于是，早期原猴的头逐渐发生变化。它们的嘴巴开始缩

短，头骨变圆，眼睛对于暗淡的光线变得十分敏感，而且能辨别颜色。它们的眼睛也变得很大，以增强摄取光线和分辨的能力，并在周围发展出角质保护层。当两个眼睛逐渐移到脸部正前方时，一只眼睛的视线能够与另一只眼睛的视线重叠，就能够产生双目视觉，然后逐渐出现立体视觉。这样，它们就具有了精确判断距离的能力。

3 从猿到人
cóng yuán dào rén

gǔ yuán zǎo zài　　　　duō wànnián yǐ qián jiù yǐ chūxiàn zài dì qiú shang　tǐ xíng bǐ
古猿早在3000多万年以前就已出现在地球上，体形比

xiàn dài yuán lèi xiǎo　xiàn dài yī bān rèn wéi　rén lèi shì yóu gǔ yuánzhōng de yī zhī nánfāng gǔ
现代猿类小。现代一般认为，人类是由古猿中的一支南方古

yuán jìn huà ér lái de　dà yuē jù jīn　wàn　wànniánqián　nánfāng gǔ yuán de
猿进化而来的。大约距今300万~200万年前，南方古猿的

yī zhī tuō lí le gǔ yuán lèi　cháozherén lèi de fāngxiàngyǎnhuà
一支脱离了古猿类，朝着人类的方向演化。

gēn jù huà shí fā xiàn　xiàn zài yī bānjiāng rén
根据化石发现，现在一般将人

lèi tuō lí gǔ yuánhòu de fā zhǎn lì shǐ
类脱离古猿后的发展历史

fēn wéisān gè jiē duàn　dì
分为三个阶段：第

yī jiē duàn shì yuán rén
一阶段是猿人

jiē duàn
阶段，

大约开始于距今300万～200万年以前，这时的猿人会制作一些粗糙的石器，脑量大约在630～700毫升，他们会狩猎。晚期猿人化石发现较多，我国发现的元谋人、蓝田人、北京猿人（周口店）以及在坦桑尼亚发现的利基猿人，都是这个时期的化石代表。这时的猿人已经很接近现代人，打制的石器也比较多样化，有用于狩猎和劈裂兽骨的，也有用来剖剥兽皮和切割兽肉的。最有进步意义的是，此时的猿人已经懂得了使用火，并知道如何长期保存火种。猿人阶段一般认为到大约30万年前结束。

第二阶段是古人阶段，又叫作早期智人阶段。我国已经发现的马坝人（广东）、资阳人（四川）、丁村人（山西）也都是这一时期发掘的化石代表。古人的特征是脑量进一步增大，已经达到现代人的水平，脑结构比猿人复杂得多，他们打制的石器也比猿人规整，有石球和各种尖状的石器，能人工生火，开始有埋葬的习俗，并且不知是为了遮羞还是为了保温，已经开始穿所谓的衣服，不再是赤身裸体。在世界的不同地方，古人的体质也开始了分化，出现明显差异。古人生活于大约20万~5万年前。

第三阶段为新人阶段，又称晚期智人阶段。大约开始于

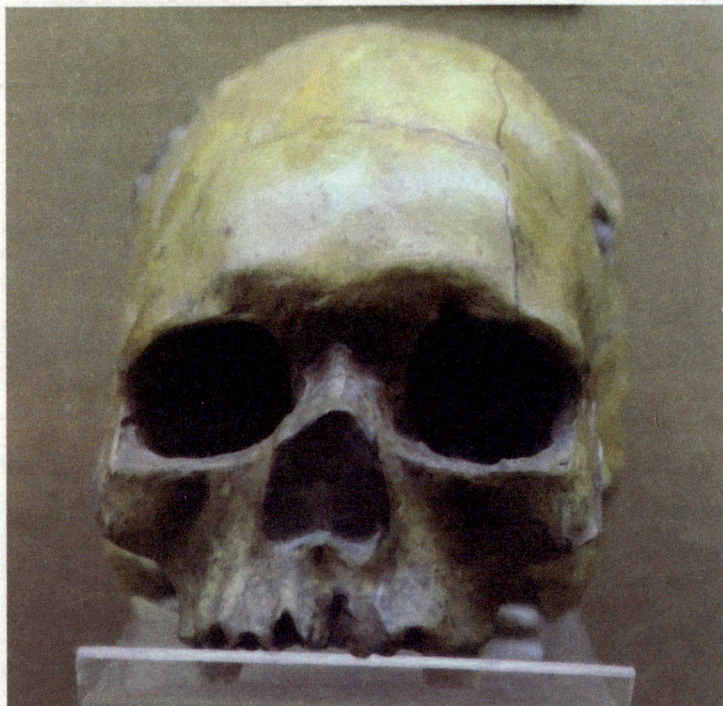

5万年以前，新人化石在体态上与现代人几乎没有什么区别，其打制的石器相当精致，器形多样，各种石器在使用上已有分工，并且出现了骨器和角器。新人甚至已会制造装饰品，进行绘画、雕刻等艺术活动。大约在4万年以前，已经出现了磨制石器。新人又称克罗马农人，这是因为1868年，在法国西南部克罗马农地区的山洞里发现了5具骨架，这些骨架与现代人已经很难区分，但比现代人高大。据分析，其生存年代距今大约4万~3.1万年以前，被认为是新人的化石代表。我国发现的柳江人（广西）、山顶洞人（北京）化石也属于这个时期的代表。此后，人类便进入了现代人的发展阶段。

延伸：猿和猴的区别

人们常把猿和猴相混淆，但实际上，猿和猴有很多明显的区别。除了体形比猴大以外，猿还没有尾巴，并且猿的手臂比腿长。猿生活在亚洲和非洲的热带雨林中，属于猿的各种动物在行为和生活方式上也有很多不同。猴比猿类在生物学分类上要低得多，也就是说，在接近人的程度上，

在与人的亲缘关系上，猴比猿要远得多。猿除了体形比猴大外，手也比腿长。猿类没有尾巴、颊囊（口腔两侧颊部各有一囊，吃进口腔的食物，如果一时来不及细嚼，就暂时贮藏在颊囊里，留待空闲时再细嚼咽下）和屁股上的胼胝（臀疣），只有长臂猿（它是低级的猿）有臀疣，猴子却统统具有这些结构。

dì èr zhāng xīng qiú dà mào xiǎn

第二章 猩球大冒险

gāokōng zá jì yǎn yuán cháng bì yuán
1 高空杂技演员：长臂猿

顾名思义，长臂猿，因其前臂长而得名，它们的身高不足1米，双臂展开却有1.5米，站立时手可触地。长臂猿生活在高大的树林中，采用"臂行法"行动，像荡秋千一样从一棵树到另一棵树，一次可跨越3米左右，加上树枝的反弹力可以达8~9米，且速度惊人。但是它们在地面上却显得十分笨拙。

全球共有12种长臂猿，只见于亚洲中、低海拔的热带森林。我国是长臂猿大国，共有6种长臂猿，分布在云南、广西和海南三个热带省份。近代人口的增加、森林的大规模砍伐和对长臂猿的过度猎取，使长臂猿的生存环境恶化、分布区缩小、数量减少。华南地区的长臂猿分布区已退缩到云南南部和西部的极小区域。即使数量最多的黑长臂猿，在中国的总数也不到1000只。白眉长臂猿其次，仅有一百多只。最令人担心的是海南长臂猿和白颊长臂猿。海南长臂猿现在不到20只，白颊长臂猿自1980年后在中国就再没有任何记录。因此它们都是极为濒危的动物，是"国中之宝"，已被列入我国一级保护动物，甚至比大熊猫还要稀少珍贵。

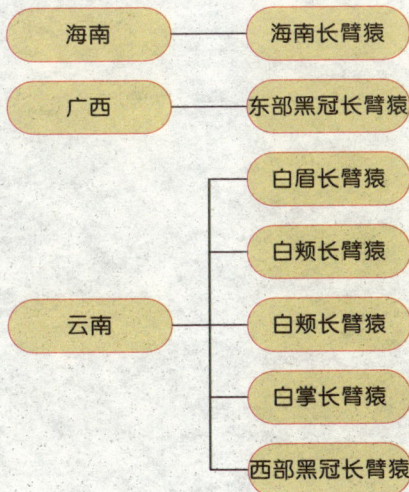

1.1 人类的近亲
_{rén lèi de jìn qīn}

大约在1000万年前，地球上发生了沧海桑田的变化。森林古猿生活的地域变得干旱寒冷，原来茂密的森林变得稀疏，逐渐变成了耐寒的广阔草原。树木枯死，树上可吃的果实少了，冻、饿威胁着古猿。它们被迫到地面生活。

适应力强的，通过劳动，手脚有了分工，大脑也发达起来，产生了语言和思维，渐渐发展成人类。那些

shì yìng lì chà de bèi táo tài
适应力差的被淘汰

le　hái yǒu xiē gǔ yuán de
了。还有些古猿的

zǐ sūn zhǎo dào le xīn de sēn
子孙找到了新的森

lín　jì xù guò zhe yuán lèi
林，继续过着猿类

de shēng huó chéng wéi xiàn
的生活，成为现

dài de lèi rén yuán
代的类人猿。

cháng bì yuán jiù shì
长臂猿就是

lèi rén yuán de yì zhǒng tā
类人猿的一种。它

men de tóu hěn dà　dà nǎo
们的头很大，大脑

bàn qiú fā dá　shì jué mǐn
半球发达，视觉敏

ruì　yǎn jing gū lū lū de
锐，眼睛咕噜噜地

zhuàn dòng shí fēn jī ling　rě rén xǐ ài　tā men de tóu dǐng shang yǒu shù lì zhe de cháng
转动，十分机灵，惹人喜爱。它们的头顶上有竖立着的长

máo xíng chéng guān zhuàng　sè hēi　suǒ yǐ yǒu　hēi guān cháng bì yuán　zhī chēng　cháng
毛，形成"冠"状，色黑，所以有"黑冠长臂猿"之称。长

bì yuán yǔ fēi zhōu de dà xīng xing　hēi xīng xing hé yìn ní de hóng máo xīng xing tóng yàng dōu
臂猿与非洲的大猩猩、黑猩猩和印尼的红毛猩猩同样都

shì zuì jiē jìn rén lèi de líng zhǎng lèi　shì wǒ men rén lèi de jìn qīn　qí shēng huó xí xìng yǒu
是最接近人类的灵长类，是我们人类的近亲。其生活习性有

yǔ rén lèi xiāng sì zhī chù　gǔ gé　yá chǐ hé shēng lǐ jié gòu yě hěn xiàng rén　shì dòng
与人类相似之处，骨骼、牙齿和生理结构也很像人，是动

19

物学、心理学、人类学和社会学的重要实验动物。

长臂猿的性情十分温驯，易于驯养。尤其是从小人工养大的，会和饲养员建立很好的感情。北京动物园曾从南方领来一只小长臂猿，进园时尚小，为了把它养大，只好放在保温箱中精心饲养，每天喂牛奶。这只小长臂猿聪明伶俐，与饲养员感情深厚，每当看见他换掉工作服准备下班时就拼命地叫，非常不愿意照顾它的人离开。

1.2 从小家到大家

长臂猿过着一夫一妻制的生活，父母和婴幼儿组成"家庭"，许多小的家庭又组成大的群体。群体中有严格的等级关系。一个群体中有一只雄长臂猿为首领，其他的长臂猿都要看"首领"的眼色行事：当"首领"走近时纷纷让道，并小声叫唤、"哈腰致礼"。它们相互间也很有感

情，见面又喊又叫，又抱又搂。如果有谁被猎人一枪打中了，其余的长臂猿并不是四散而逃，而是赶紧聚到一起，纷纷抢救受害者。狡诈的猎人常常利用它们这一特点，残酷地将它们成群杀掉。如果群体中有一只死去了，大家会非常沉痛地默不作声，似是哀悼。

长臂猿的生活地域性很强，每群都有固定的地盘，不容许他群入侵，一见异群则产生争斗。一群群长臂猿各

占一个山头，只许啼叫，不许越界。由此看来，长臂猿的啼叫，既是一种取乐，又是一种互相警戒、看管自家领域的信号，以防止竞争者进入警戒区。

如果循着长臂猿的啼叫声走近去看，你就会发现许多趣闻。它们在树上真是行走如飞，只用一只手攀树，把身体挂在树枝上，双腿一缩，身体使劲摆动，像荡秋千一样，一撒手就甩到空中，另一只手马上牢牢抓住另一根树枝。即使十米、二十几米的枝头空间，它们也能闪电般地横空而过，动作轻盈优美，让人由衷赞叹：真是森林中一名出色的全能体操运动员！如果来到地面，长臂猿就显得十分滑稽可笑了。两只长长的手臂没有了用武之地，不知道放在哪里好，只得高高举起，做"投降"姿势，以便平衡摇摇晃晃的身体，蹒跚而行；如果在地面上奔跑，长长的指尖只需要轻轻点一下地面，它们就能以相当快的速度奔跑。

1.3 猿声阵阵啼不住

走进我国亚热带的大森林，在欣赏美丽怡人的自然景色时，你会听到一种奇特洪亮的叫声："唔唔唔——呵呵呵——"叫声很有规律，先短后长，最后以短促的声音结尾，戛然而止。声音高亢尖厉，由远而近，逐渐加快，很有一呼百应

的大合唱气势。这合唱回荡于山谷之间，数里外亦能闻及。这是我国著名的稀有动物——长臂猿的啼鸣。长臂猿的叫声旋律优美，通常一个家庭中的成年个体能相互配合发出结构非常复杂、配合默契的二重唱。通过二重唱，长臂猿可以维持家庭内部的稳定团结，并且警告邻居：不要试图入侵我的地盘。东部黑冠长臂猿的啼叫声比较独特，在清晨进行的啼叫声一般会延续20分钟左右，声音可传到2000米之外。所有长臂猿都会发出嘹亮的叫声。不同种的长臂猿叫声具有非常明显的差异。

长臂猿的食物以植物果实、树叶为主，兼吃昆虫、鸟卵和幼鸟。它们采摘果实很有计划，从不乱摘乱抛，只采熟透的果实，不成熟的果实留下来，以后再摘。长臂猿单胎生殖，幼崽4岁便长大成"人"，父母会把它驱逐出群，任它到处流浪，并在流浪中寻求到自己的"伴侣"，七八岁成熟后寻配偶生育。相遇时，它们都互相试探着，谁也不敢冒昧倾诉"衷情"，只待感情进一步发展后才开始组织新的家庭。由于繁衍甚慢，漫长的繁衍周期客观上局限了种群扩大的速度，因此其保护难度也非常大。

延伸：唐诗中的猿声

唐诗中经常出现"猿啼"的意象。猿啼（亦称猿鸣）一般发生在清晨，啼者为长臂猿。研究者认为，这种能大声齐鸣，发出高昂清晰响震山谷声音的猿类应该是长臂猿："三峡崖陡水急，除长臂猿以外，没有任何其他种类的猿啼声，能盖过舟行峡谷的急流水声。在滩险水喧声中，只有长臂猿的呼应性齐鸣，才能成为当时航行三峡地区听猿啼的一大特色。"七百里三峡水道间，山高树茂，高猿深藏，于深秋之晨，哀鸣声凄长不绝，使人听此凋朱颜。故举凡游子客愁、失意怅怀、舟人漂泊、生计多艰之悲皆由此起。

李白《早发白帝城》诗云："朝辞白帝彩云间，千里江陵一日还。两岸猿声啼不住，轻舟已过万重山。"牛肃《纪闻·巴峡人》诗云："秋径填黄叶，寒摧露草根。猿声一叫断，客泪数重痕。"杨炯《巫峡》诗云："三峡七百里，唯言巫峡长。重岩窅不极，叠嶂凌苍苍。……美人今何在，灵芝徒自芳。山空夜猿啸，征客泪沾裳。"马戴《巴江夜猿》诗云："日饮巴江水，还啼巴岸边。秋声巫峡断，夜影楚云连。露滴青枫树，山空明月天。谁知泊船者，听此不能眠。"可以说，"猿啼"意象在长江行水诗中是一个极富诗意的符号。

2 亚洲的红毛大猿：猩猩

小朋友们，猿类家族中有这样一支队伍，它们的外表十分特别，在一众同伴中脱颖而出。它们就是红毛猩猩，也叫红猩猩、猩猩，是亚洲唯一的大猿，现在仅存于加里曼丹岛和苏门答腊岛的丛林里。猩猩分为加里曼丹猩猩和苏门达腊猩猩，它们是世界上最大的树栖，也是繁殖最慢的哺乳动物。猩猩被认为是社会的隐居者，它们的许多习性使人回想起了人类早期的文化。

猩猩曾经一度广泛分布在东南亚和中南

半岛，现在仅存于加里曼丹岛和苏门答腊岛北部的森林中。一直以来，猩猩的种群都受到栖息地破坏的威胁，它们在过去还被随意捕捉到动物园或者卖作宠物。自从 4 万年前解剖学意义上的现代人侵入东南亚以来，人类就一直是猩猩的掠食者和竞争者。这种猿类在原先活动范围的灭绝大部分都是由人类的捕猎活动造成的。在历史上，人们为生存而进行的捕猎活动可能也是造成猩猩不连续地分布在加里曼丹岛和苏门达腊岛的原因。目前，苏门达腊猩猩被国际自然保护联盟（IUCN）列为严重濒危级，加里曼丹猩猩被列为濒危级。

2.1 森林中的"人"

猩猩的体毛长而稀少，毛发为红色，粗糙，幼年毛发为亮橙色，某些个体成年后变为栗色或深褐色。虽然身上其他部位有着毛发，但是它们的面部是黑色的，幼年的小猩猩眼部周围和口鼻处为粉红色。小朋友们细心观察会发现，雄性猩猩的脸颊上有"肉垫"。它们的牙齿和咀嚼肌相

duì bǐ jiào dà　　zhè yàng jiù kě yǐ yǎo kāi hé niǎn suì bèi ké hé jiān guǒ　shǒu bì zhǎn kāi kě yǐ
对比较大，这样就可以咬开和碾碎贝壳和坚果。手臂展开可以

dá dào　　mǐ cháng kě yòng yú zài shù lín zhī jiān bǎi dàng　yí gè shí fēn yǒu qù de xiàn xiàng
达到 2 米长，可用于在树林之间摆荡。一个十分有趣的现象

shì　jī hū suǒ yǒu xīng xing de xuè xíng dōu shì　xíng
是，几乎所有猩猩的血型都是 B 型。

　　xīng xing　　zài mǎ lái yǔ zhōng shì　sēn lín zhōng de rén　de yì si　tā men zài shù
　　猩猩，在马来语中是"森林中的人"的意思，它们在树

shang pān pá de shí hou shí fēn jǐn shèn　yóu yú tài zhòng ér wú fǎ tiào yuè　tā men chuān yuè
上攀爬的时候十分谨慎。由于太重而无法跳跃，它们穿越

sēn lín dǐng péng jiàn xì de fāng shì shì zài yì kē shù shang lái huí de bǎi dàng　zhí dào néng gòu
森林顶篷间隙的方式是在一棵树上来回地摆荡，直到能够

zhuā zhù lìng yì kē shù　ér qiě tā men zǒng huì yòng liǎng gè qián zhī zhuā zhù shù zhī　zhè zhǒng
抓住另一棵树，而且它们总会用两个前肢抓住树枝。这种

xíng dòng fāng shì shì tōng guò tā men cháng cháng de shǒu bì hé bǐ jiào duǎn de tuǐ yǐ jí cháng
行动方式是通过它们长长的手臂和比较短的腿以及长

cháng de gōu zhuàng shǒu zhǎng hé jiǎo zhǎng shí xiàn de　tā men de shǒu bì hé tuǐ néng gòu zài
长的钩状手掌和脚掌实现的，它们的手臂和腿能够在

xǔ duō fāng xiàng zì yóu de huó dòng
许多方向自由地活动。

这种红色猿类的下巴很大，大而平的臼齿上有皱起的尖和厚厚的珐琅质——这是一种完美的解剖学结构，有利于撕开木质的果实和带有白蚁巢穴的树枝，磨碎坚硬的种子以及撕下树皮。这些大猿每天至少会建造一次睡觉的平台，它们会将一些树枝折断并折叠，然后在树的顶部用树枝和嫩枝编织成窝。下雨的时候，它们还会额外添加一层防雨盖。

猩猩几乎从不下到森林的地面，但是成年的雄性加里曼丹猩猩除外——它们 5% 的时间都是在地面度过的（也许是因为加里曼丹的老虎——猿类的主要掠食者，现在已经灭

绝了)。猩猩不能像非洲的猿类一样用指关节行走,当在地面行动时,它们的手和脚是卷起的。猩猩行进的时候很费劲,它们每天移动的距离通常不足1000米。然而,雌性猩猩的活动领域有几百平方千米大,雄性猩猩的活动领域可以达到几千平方千米。猩猩无论雌雄都不是地盘防御性的,它们的活动领域有很大的重叠,不过体形比较小的猩猩会避免与统治者做伴。雌性后代性成熟以后一般会留在母猩猩的活动领域附近,但是雄性在定居之前可能会在四周漫游许多年。

2.2 水果大胃王

猩猩主要吃果实，如榴莲、红毛丹、木菠萝、荔枝、芒果、倒捻子、无花果，还有嫩枝、花蕾、昆虫、蔓生植物，偶尔也吃鸟卵和小型脊椎动物。猩猩的胃口很大，有的时候它们会花上一整天坐在一棵果树上狼吞虎咽。其食物中大约60%是果实——果实的种类有几百种，无论成熟与否。猿类喜欢吃果肉中富含糖分或脂肪的果实。

在长有香蕉的地方，猩猩会把这种温和的果实当作主要的食物，因为这种果实数量丰富，也容易获得和消化。猩猩也经常吃树叶和嫩枝、无脊椎动物，偶尔也吃富含矿物质的泥土。它们在很偶然的情况下还吃脊椎动物，如懒猴。当缺少成熟水果的时候，它们会吃种子、树木，或者藤蔓植物的皮。特别是在果实歉收的时候，它们强健的牙齿为它们带来了很大的好处。当缺少多汁的水果时，它们会喝树洞里面的水，这时猿会将一只手浸入水中，然后吸食从手腕的毛上流下来的水。

在苏门答腊岛的某些沼泽地中，猩猩会制作棍子一样的工具将种子从多刺毛的利沙树果实当中取出。它们也会利用工具挖蜂巢中的蜂蜜，或者掏树洞中的白蚁。在使用工具的种群当中，所有的成员都具备这种技能，只不过它们使用工具的频率不同。一个很有趣的对照就是，其他种群的成员并不具备这种能力，哪怕它们与使用工具的猩猩种群只隔了一条河。这种使用工具的传统与野生黑猩猩的传统很相似。

tè lì dú xíng de gāo zhì shāng jiā zú
2.3 特立独行的高智商家族

xīng xing shì yī zhǒng xǐ huan dú xíng de dòng wù tè bié shì shēng huó zài jiā lǐ màn
猩猩是一种喜欢独行的动物，特别是生活在加里曼

dān dǎo de xīng xing chéng nián de xīng xing dà bù fen shì dú zì xíng dòng hé jìn shí de tā men
丹岛的猩猩。成年的猩猩大部分是独自行动和进食的，它们

de hòu dài zài duàn nǎi zhī hòu huì zhú jiàn biàn de dú lì xióng xìng xīng xing yī bān dào le qīng
的后代在断奶之后会逐渐变得独立。雄性猩猩一般到了青

chūn qī yǐ hòu jiù huì hé mǔ qīn duàn kāi guān xi dàn shì cí xìng xīng xing hái huì jīng cháng huí
春期以后就会和母亲断开关系，但是雌性猩猩还会经常回

lái yòu nián hé qīng chūn qī de xīng xing yǒu de shí hou huì yī qǐ wán shàng jǐ gè xiǎo shí
来。幼年和青春期的猩猩有的时候会一起玩上几个小时，

shèn zhì chéng duì de zài zhōu wéi zǒu dòng huò jǐn gēn zhe jiā tíng dāng jǐ zhī chéng nián xīng xing
甚至成对地在周围走动或紧跟着家庭。当几只成年猩猩

xiāng yù shí bǐ rú bèi tóng yì kē guǒ shù xī yǐn tā men jī hū bù huì jìn xíng shè huì hù
相遇时，比如被同一棵果树吸引，它们几乎不会进行社会互

dòng zài chī wán yǐ hòu huì gè zì lí kāi
动，在吃完以后会各自离开。

sū mén dá là xīng xing zhī jiān de shè huì jiāo wǎng yào duō yì xiē chú le dī děng jí
苏门答腊猩猩之间的社会交往要多一些。除了低等级

de chéng nián xióng xìng yǐ wài gè gè jiē céng de xīng xing dōu shì qún jū bìng yì qǐ huó dòng
的成年雄性以外，各个阶层的猩猩都是群居并一起活动

de yǔ jiā lǐ màn dān xīng xing xiāng bǐ sū mén dá là xīng xing gèng duō de chī shuǐ guǒ
的。与加里曼丹猩猩相比，苏门答腊猩猩更多地吃水果

hé wú jǐ zhuī dòng wù bǐ jiào shǎo chī shù pí ér qiě tā men zài shǐ yòng gōng jù shàng yě
和无脊椎动物，比较少吃树皮，而且它们在使用工具上也

jù yǒu lǒng duàn xìng zhè xiē chā yì lái yuán yú tā men bǐ jiào gāo de zhǒng qún mì dù zhè
具有垄断性。这些差异来源于它们比较高的种群密度，这

也反映了它们栖息地比较高的食物产量。在物产丰富的栖息地，集体行动和进食的代价比较低，因此它们能够从群体生活当中受益，比如学习使用工具的技能。

猩猩认识每一只和它们的活动领域经常重叠的其他猩猩，并会与之建立社会关系。雌性猩猩会和某些猩猩优

xiān jiàn lì guān xì　　　　ér zhè zhǒng guān xì yě shì yǔ fán zhí tóng bù de　　suī rán wèi chéng nián
先建立关系，而这 种 关系也是与繁殖同步的。虽然未 成 年

xióng xìng zhī jiān ǒu ěr huì jiàn lì lián jié　　dàn shì xióng xìng zhī jiān de guān xì gèng dà chéng
雄 性之间偶尔会建立联结，但是 雄 性之间的关系更大 程

dù shàng shì jìng zhēng xìng de　　xióng xìng zài yì tiān zhōng huì fā chū hǎo jǐ cì　cháng jiào
度 上 是竞 争 性的。雄性在一天 中 会发出好几次"长叫"，

mù dì shì ràng dī děng jí xióng xìng bù yào kào jìn　　dàn shì dāng chéng nián xióng xìng xiàng yù
目的是让低等级雄性不要靠近，但是当 成 年雄性相遇

shí　　tā men jiù huì shàng yǎn jī liè ér fù yǒu qīn lüè xìng de zhǎn shì　　yǒu de shí hou hái huì
时，它们就会上 演激烈而富有侵略性的展示，有的时候还会

chū xiàn zài dì miàn de zhuī zhú hé dǎ dòu　zhǐ yào wèi chéng nián xióng xìng néng gòu gōng jìng de
出现在地面的追逐和打斗。只要未成年雄性能够恭敬地

dāi zài yī dìng jù lí yǐ wài chéng nián xióng xìng hái shì néng gòu róng rěn tā men de
待在一定距离以外，成年雄性还是能够容忍它们的。

zài suǒ yǒu de líng zhǎng lèi zhōng　rén gōng huán jìng xià de xīng xing zài zhì lì shí yàn zhōng
在所有的灵长类中，人工环境下的猩猩在智力实验中

dé fēn zuì gāo　zài yě wài de xīng xing huì yī kào tā men de zhì lì qù　tā míng fù zá de
得分最高。在野外的猩猩会依靠它们的智力去"发明"复杂的

qǔ shí jì shù　yǒu de shí hou shè jí dào gōng jù de shǐ yòng　lì yòng gōng jù tā men shèn
取食技术，有的时候涉及到工具的使用，利用工具它们甚

zhì kě yǐ dé dào qí tā dà bù fen yǔ lín jū mín dé bù dào de shí wù　tā men yě shì hěn hǎo
至可以得到其他大部分雨林居民得不到的食物。它们也是很好

de mó fǎng zhě　kě yǐ cóng bié de dòng wù nà lǐ xué dào jì néng　bāo kuò rú hé shǐ yòng
的模仿者，可以从别的动物那里学到技能，包括如何使用

工具。和"发现"新事物相比，它们更精于模仿其他猩猩的动作，这就使得它们能够适应当地的传统。在不同的地方，猩猩会使用不同的筑巢技术，发出不同的声音，它们抓握食物的方式也是不同的。在冬天，他们常会去泡温泉，为对方捉虱子。

2.4 漫长的成长过程

小朋友们，你们知道吗，与人类相比，猩猩是一种生长和繁殖很慢的动物。它们悠闲的生活史，可能是为了适应在低死亡率的栖息地生活以及度过食物稀缺的时期才形成的。在野外，雌性10岁进入青春期，但是5年后才

可以生育。母猩猩怀孕周期很长，需要230~270天，幼崽长到4岁大的时候，母猩猩才会离开。每隔3~6年，雌性猩猩才会产崽一次。在野外，雌性能够活四五十岁左右，因此它们一生最多能够生产并养活4个孩子，这也许是所有哺乳动物当中数量最少的。

雄性猩猩通常在12岁的时候达到性成熟，也就是"接近成年"的状态。完全成熟的雄性体形大约是雌性的两倍，它们的脸颊更宽，有着大而长的喉结，手臂和

手背上有长长的、斗篷一样的毛发，也能发出低沉的"长叫"。不管什么时候，只要有机会，即将成年的雄性就会尝试与能够怀孕的雌性来往，但是能够怀孕的雌性则会选择当地处于统治地位的

成年雄性，这只雄性猩猩一般都能够成功地阻止大部分即将成年的雄性与雌性交配。因此，那些没有被选中的雄性猩猩，不管是成年的还是即将成年的，当它们遇到一只单独的雌性时，通常会通过恶意的撕咬来制服激烈反抗的雌性。

延伸：越狱的红猩猩

在电影《肖申克的救赎》中，安迪用一把石锤成功越狱，而云南野生动物园中的红毛猩猩培培则效仿安迪，只不过它用的不是锤子，而是搪瓷缸，也不是越狱，而是去看望它的妻子。原来，培培的妻子拉特有了身孕，为了让拉特更好地生育，饲养员只好让这对夫妻"分居"。分居

后的培培因为思念妻子产生了抑郁情绪，为此，动物园为培培请来了专门的心理医生进行心理调节，还给培培饲养了一只原鸡当作宠物，但培培的思念却依旧有增无减。饲养员给培培做了画架，还用6个连在一起的搪瓷缸做了颜料盒，但当天晚上饲养员打扫运动场的时候，却发现少了一个，找遍培培的"卧室"都不知所终。一天清晨，饲养员发现培培在用"消失"了的搪瓷缸打洞，墙上已经被它挖出一个大洞。

3. 丛林中的金刚：大猩猩

小朋友们，你们是否看过猩猩题材的电影呢？在这种类型的电影中，大猩猩一直是夺目耀眼的主角。大猩猩是灵长目中最大的动物，它们生存于非洲大陆赤道附近丛林中，它们是继黑猩猩属的两个种后，与人类最接近的现存的动物。过去大猩猩曾被认为是一种幻想出来的生物。现在，有许多以大猩猩为主角的影视作品，比如大名鼎鼎的

电影《金刚》。

大猩猩有东部、西部两大栖息地域。西部的栖息地位于刚果、加蓬、喀麦隆、中非共和国、赤道几内亚、尼日利亚，统称西部低地大猩猩；东部栖息地位于刚果民主共和国东部、乌干达、卢旺达，统称为东部山地大猩猩。西部低地大猩猩主要生活在刚果民主共和国低地的热带雨林中。东部山地大猩猩主要生活在刚果民主共和国、乌干达和卢旺达交界的维龙加山脉和布恩迪山脉中。

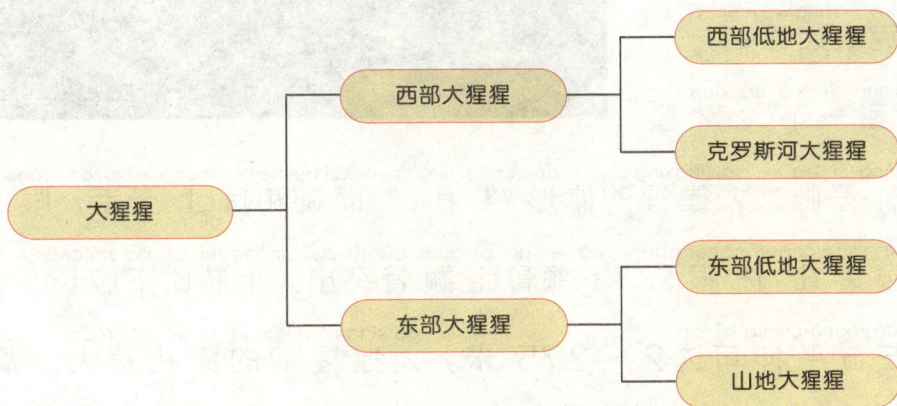

大猩猩，顾名思义，它们是灵长类中体形最大的种，站立时高 1.3 ~ 2.1 米。雄性比雌性体大。体重雌性 70 ~ 120 千克，雄性 140 ~ 275 千克。让我们一起观察一下大猩猩的样子吧，大猩猩的体形雄壮，面部和耳上无毛，眼上的额头往往很高。下颚骨比颧骨突出。上肢比下肢长，两臂左右平伸可达 2 ~ 2.75 米。大猩猩们的鼻孔很大，嘴巴很短，犬齿特别发达。大猩猩们都是没有尾巴的。十分有趣的是，大猩猩和人一样有各不相同的指纹。

大猩猩族群一直以来都面临着严重的种族危机，虽然它们生活在国家公园内，由武装士兵护卫着，但为了获取它们的头盖骨与毛皮，偷猎者仍然进行着猎杀活动。还有的时候，大猩猩会落入为捕捉其他动物而设的陷阱，被意外抓获而危及生命。2008年喀麦隆政府成立了全球第一个专为世界上最稀有的大猿类之一——克罗斯河大猩猩设立的保护区。克罗斯河大猩猩是4个亚种大猩猩中最稀有的一种，已经被国际自然与自然资源保护联合会列入严重濒危物种的红色清单。克罗斯河大猩猩现存总量在300只以下，分散在喀麦隆和尼日利亚的11个地带。

3.1 银背与黑背

大猩猩的毛色大多是黑色的。年长（一般 12 岁以上）的雄性大猩猩的背毛颜色变成银灰色，因此它们也被称为"银背"。银背的犬齿尤其突出。大猩猩过着群居的生活，每群由一个被称为"银背"的成年雄性大猩猩领导。有时，一个群中会有两头或多头雄性，在这种情况下，只有一只银背为首，只有

tā yǒu yǔ cí xìng jiāo pèi de quán
它有与雌性交配的权

lì qí tā xióng xìng yì bān
利，其他雄性一般

wéi bǐ jiào nián qīng de hēi bèi
为比较年轻的黑背。

měi yì qún lǐ dōu yǒu hǎo jǐ zhī
每一群里都有好几只

cí xīng xing hé tā men de hái
雌猩猩和它们的孩

zi yín bèi dài lǐng dà jiā xún
子，银背带领大家寻

zhǎo shí wù bìng zhǎo dì fang
找食物，并找地方

ràng dà jiā wǎn shang xiū xi
让大家晚上休息，

tā men zhé wān shù zhī lái dā wō
它们折弯树枝来搭窝

shuì jiào yín bèi yòng hǎn jiào
睡觉。银背用喊叫、

chuí xiōng zhè yàng de fāng shì gǎn zǒu qí tā xióng xìng dà xīng xing qún de dà xiǎo cóng zhī
捶胸这样的方式赶走其他雄性大猩猩。群的大小从2只

dào zhī bù děng píng jūn wéi zhī zhì zhī lǐng tóu de yín bèi xióng xìng bù jǐn
到30只不等，平均为10只至15只。领头的银背雄性不仅

xiǎng shòu zhe lǐng dǎo quán lì gèng yǒu zhe jiě jué qún nèi chōng tū jué dìng qún de xíng zhǐ hé
享受着领导权力，更有着解决群内冲突、决定群的行止和

xíng dòng fāng xiàng bǎo zhàng qún de ān quán děng rèn wù
行动方向、保障群的安全等任务。

dà xīng xing de qún fēi cháng líng huó yí gè qún wǎng wǎng huì zài zhǎo shí wù shí fēn
大猩猩的群非常灵活，一个群往往会在找食物时分

开。与其他灵长目动物不同的是，雌性和雄性的大猩猩均可能离开它们出生的群参加其他的群。雄性约11岁后首先离开它们出生的群，此后它单独或者与其它雄性一起生活。它们在2～5年后能够吸引雌性组成新的群。一般一个群可以延续很长时间。有时群内会爆发争夺首领地位的斗争，挑战的可能是群内的一只年轻的雄性或者外来的雄性。受挑战的雄性会尖叫、敲击胸部、折断树枝，然后冲向挑战的雄性。假如是挑战者战胜了原来的首领，它一般会将它前任的幼兽杀死。原因可能是正在哺乳的雌性不交配，而幼兽被杀死后不久它就又可以交配了。假如一个群中原来领头的雄性病死或者意外死亡，这个群很可能分裂，群的成员会去寻找其他的群。

3.2 害羞的咆哮"打手"

大猩猩有不同的叫声。它们使用这些不同的叫声来确定自己群内的成员和其他群的位置，以及作为威胁的声音。著名的有敲击胸脯。不光年长的雄性敲击胸部，

suǒ yǒu de dà xīng xing dōu huì qiāo jī xiōng bù　　gū jì zhè ge xíng wéi shì zài biǎo shì zì jǐ de
所有的大猩猩都会敲击胸部。估计这个行为是在表示自己的

wèi zhi huòzhěhuānyíng duì fāng
位置或者欢迎对方。

zài měiguó de lǐ yǔ zhōng bào tú　zhǒng　dǎ shou　de lìng yī cí yì shì　dà xīng
在美国的俚语中"暴徒"种"打手"的另一词意是"大猩

xing　　kě shì shí shang dà xīngxingtiān xìng pà xiū　měiguó kē xué jiā qiáo zhì　shā sī tōng
猩",可事实上大猩猩天性怕羞。美国科学家乔治·沙斯通

guò lián xù jǐ gè yuè de yě wài guān chá　　rèn wéi yǔ rén lèi tóng shǔ líng zhǎng dòng wù de dà
过连续几个月的野外观察,认为与人类同属灵长动物的大

xīng xing bìng fēi　bào tú　　dà xīng xing jǐn guǎn shēn qū páng dà　què jí wéi pà xiū
猩猩并非"暴徒",大猩猩尽管身躯庞大,却极为怕羞,

yī dànpèngdào rén jiù huì duǒ kāi　bù guò　yǒu yī zhǒngqíngkuàng lì wài　nà jiù shì dāng
一旦碰到人就会躲开。不过,有一种情况例外,那就是当

zǐ nǚ shòudào wēi xié shí　dà xīngxing huì háo bù yóu yù de měngyǎo duì fāng　dàn shì zhì jīn
子女受到威胁时,大猩猩会毫不犹豫地猛咬对方,但是至今

还未看到过一例有关大猩猩咬死人的报告。

大猩猩大部分时间都在非洲森林的家园里闲逛，嚼枝叶或睡觉。它们虽常常用双足站立，但行走时仍是四肢着地。大猩猩虽然体大力大，但一般而言，它们是相当温和、善良、安静的素食主义者。只有受到攻击或围困时，才会捶胸咆哮，变成危险的反抗者，其实这是它们的自卫行为。

3.3 素食主义者

大猩猩是白日活动的森林动物。低地大猩猩喜欢热带雨林，而山地大猩猩则更喜欢山林。山地大猩猩主要栖息在地面上，而低地大猩猩则主要生活在树上，即使很重的雄性也往往爬到20米高的树上寻找食物。大猩猩前肢握拳支撑身体行进，这一行走方式被称为拳步，这样行走使它们四肢着地，前肢支持在指头的中节上。晚上睡

jiào shí tā men yòng shù yè zuò wō　　tā men měi tiān wǎn shang zuò xīn de wō　　yì bān zhù wō de
觉时它们用树叶做窝，它们每天晚上做新的窝，一般筑窝的

guò chéng bù chāo guò wǔ fēn zhōng　　shān dì dà xīng xing de wō yì bān zài dì miàn shang　dī dì
过程不超过五分钟。山地大猩猩的窝一般在地面上，低地

dà xīng xing de wō zhǔ yào zài shù shang
大猩猩的窝主要在树上。

dà xīng xing yóu yú tā cū lǔ de miàn kǒng hé　jù dà de shēn cái kàn qǐ lái shí fēn xià
大猩猩由于它粗鲁的面孔和巨大的身材看起来十分吓

rén　dàn shí jì shang　tā men shì fēi cháng píng hé de sù shí zhě　　tā men shì suǒ yǒu rén yuán
人。但实际上，它们是非常平和的素食者。它们是所有人猿

zhōng zuì chún cuì de sù shí dòng wù　　tā men de zhǔ yào shí wù shì guǒ shí　　yè zi hé gēn
中最纯粹的素食动物。它们的主要食物是果实、叶子和根，

qí zhōng yè zi zhàn zhǔ yào bù fen chéng nián de dà xīng xing píng jūn měi tiān xū yào　　qiān
其中叶子占主要部分。成年的大猩猩平均每天需要 25 千

克食物，它们大多数醒着的时候是在进食。由于它们大量进食

各种植物性食物，使得它们的肚子总是鼓起的。

大猩猩是一夫多妻制，母猩猩的发情期很短，繁殖期不

固定，是灵长目中除人类外孕期最长的。一般来说，它们

的孕期长达8.5~9.5个月。大猩猩两次生产之间的间隔

多为3~4年。大猩猩幼崽的发育比人类婴儿要快，3个月后

它们就可以爬。幼兽一般跟随母亲3~4年，在这段时间里，

群里的领头雄性也会照顾幼兽，但是它们不会去抱幼兽。一

般大猩猩可以活45年~50年。

延伸：大猩猩为什么拍胸脯？

在动物园里，大家会看到大猩猩用两只手拍着胸脯来回转悠。野生的大猩猩也时常有这样的举动。这是怎么回事呢？这是它们的习性。只要仔细观察一下你就会发现，当有别的动物在场，特别是有敌对的动物在场时，它多半会有这种举动。

另外，如果动物园的游客做出了在它看来不顺眼的事情时，它也会有这种举动，而且还会龇牙咧嘴，怒气冲冲地

走过来，所以在动物园，千万不可过于惹大猩猩发怒。

大猩猩的这种举动是一种示威动作，是在向对方表现自己的力量。我们人类在显示自己的力量时，不是有时也会拍打自己的胸脯么！道理是完全一样的。灵长目的动物之中，黑猩猩也有这种拍胸脯的习性，但猩猩和长臂猿却没有发现有类似的举动。唯独大猩猩与黑猩猩与我们人类比较接近。

4 高智商一族：黑猩猩

小朋友们，在猩猩家族中，有这样一支族群，它们的智商超群，堪比人类的幼童。它们就是黑猩猩，黑猩猩是人类的近亲，在动物园里与黑猩猩对视，是一件有趣但也有点儿恐怖的事。

我们可以立刻指出它与人的差别，但那与人相似的体形、灵巧的手指、生动的表情，又让人难以否认它与自己的相似，不禁疑心笼

子的两边究竟是谁在看谁。它们是与人类血缘最近的动物，是黑猩猩属的两种动物之一，也是除人类之外智力水平最高的动物。

黑猩猩分为黑猩猩和倭黑猩猩。黑猩猩分布在非洲中部，向西分布到几内亚。黑猩猩身体上有丰厚的黑色被毛，四肢修长并且都可以握持物体，它们能以半直立的方式行走。黑猩猩是猩猩科中最小的种类，体长 0.7 ~ 0.92 米，站立时高 1 ~ 1.7 米，雄性体重 56 ~ 80 千克，雌性体重 45 ~ 68 千克。黑猩猩臀部通常会有一块白斑，幼猩猩的鼻子、耳朵、手和脚均为肉色。它们的耳朵都特别大，向两旁突出，好像招风耳一般，眼窝深凹，眉脊很高，头顶毛发向后。黑猩猩的牙齿排列和人类十分类似，并且和其他猩猩一样，没有尾巴。

hēi xīng xing men qún jū shēng huó　　měi qún　　　yú zhī　yóu　　zhī chéng nián
黑猩猩们群居生活，每群 2～20 余只，由 1 只成年

xióng xìng shuài lǐng　　yǐ wǎng fēi zhōu chì dào qū dōu kě kàn dào tā men de shēn yǐng　shù liàng
雄性率领。以往非洲赤道区都可看到它们的身影，数量

yǒu　　　wàn　　　　wàn zhī　jìn nián lái yóu yú fēi zhōu zhèng zhì　jīng jì qíng kuàng
有 100 万～200 万只，近年来由于非洲政治、经济情况

bù wěn dìng　jí qī xī dì rì jiàn biàn xiǎo　hēi xīng xing zhèng yǐ jīng rén de sù dù jiǎn shǎo
不稳定，及栖息地日渐变小，黑猩猩正以惊人的速度减少，

xiàn zài quán qiú shèng bù dào　　　wàn zhī　yīn cǐ míng liè　huá shèng dùn gōng yuē　dì yī
现在全球剩不到 10 万只，因此名列《华盛顿公约》第一

lèi bǎo hù dòng wù　　yě jiù shì bīn lín jué zhǒng dòng wù
类保护动物，也就是濒临绝种动物。

4.1 简化版的人性

在过去的几千万年间，高等灵长动物家族开枝散叶，先后分离出了狒狒、猩猩、大猩猩等。人类的祖先与黑猩猩的祖先在大约 500 万~600 万年前分家，走上独立的演化道路，前者产生了我们，后者则在约 300 万年前分为两支，演变成现在的黑猩猩和倭黑猩猩。这两类黑猩猩都

生活在非洲的森林里，喜欢几十只在一起群居，有着相当复杂的社会结构，会集体狩猎。它们是与人类血缘最近的动物，也是除人类之外智力水平最高的动物。

黑猩猩的许多特点可视为"简化版的人性"。它们懂得制造——不仅仅是使用简单工具。很多人在电视里见过这样的场景：黑猩猩折取草叶或细枝进行加工，伸进白蚁巢穴引诱"美食"上钩。黑猩猩有感情，会为亲属的死亡感到悲伤，群体中其他成员会慰问死者的兄弟。它们有自我意识，照镜子时知道里面那个家伙不是哪里来抢地盘的陌生黑猩猩，而正是自己，甚至

还有移情能力，懂得设身处地揣测其他生物的想法，并据此做出自私或无私的行为。科学家成功地教会一只黑猩猩认识阿拉伯数字，它还会将 0 ~ 9 按大小顺序排列，并能记住多达 5 位的数。有的黑猩猩经过语言培训后，能听懂几千个英文单词，并能借助键盘等工具"说话"。黑猩猩与人类幼儿在智力上的相似程度，显然比外表的相似程度更高。

研究人员发现，几乎所有黑猩猩掌握选硬币的"奥

妙"后，都会选择能让"邻居"获益的那枚硬币。黑猩猩与

人一样会考虑到"他人"的需要和愿望。研究人员还发现一

个有趣的现象：黑猩猩对有耐心或有"礼貌"的"邻居"表现

出特别的友好，愿意帮它们获得香蕉，但对制造噪音、不停

请求或向自己吐口水的"邻居"则没那么"大方"。"这之

所以有意思，是因先前人们一直认为黑猩猩只会在压力下才分

享食物，"研究人员说："我们的实验得到完全相反的结

论，黑猩猩没有压力或压力小时会分享食物，直接的压力或

威胁下会减少分享。"

4.2 艰难的"晋级"之路

野生黑猩猩群体间有严格的等级制度，有一只雄性的做"首领"，其他所有成员都要看它的眼色行事。只要它一来到跟前就给它让路"俯首称臣"，同时也需要看看"皇后"的态度怎样，即使在它们求爱时也有这样的等级，而在日常生活中从不会有例外。当一个二等黑猩猩和三等黑猩猩同时发现一个香蕉时，二等的就有优先享用权。当

你看到两只黑猩猩坐着互相捉虱子的时候，这表明它俩是同一等级的好朋友。其实这并不是在捉虱子，而是互相挑去毛下的小块干皮，梳理黏在一起的毛。

如果一只低一等级的黑猩猩要想升级加入高一等级群体时，它往往先用吓唬同级猩猩的办法，捡起一根粗树棒，勇猛地挥舞着，发出可怕的声音，把同伙一一赶跑，然后再想办法接近高一等级的黑猩猩。如果它发现一只高一级黑猩猩坐在那里，它就走过去先伸出一只胳膊，脸上做出痛苦而又可怜的表情，而那只高一级的黑猩猩往往一开始并不理睬它，好像根本没有看见它似的。于是低等猩猩显得非常气恼，使劲地把胳膊伸得又近一些，但是那只高等猩猩仍无动于衷，好像是在考验这个低等猩猩的诚意和耐心。这么僵持了一段时间，高等猩猩才抬起头来看了看伸过

来的胳膊，用手指头只轻轻地碰了碰低等猩猩的手指，算
是友好地接受了请求。这时候低等猩猩激动万分，立即扑
向高等猩猩的怀抱，于是高等猩猩就给它"捉虱子"，表
示地位的平等，于是一只黑猩猩升级的仪式就算结束了。

4.3 黑猩猩的药箱

黑猩猩每天会消耗大量的食物，科学家一项最新研究表明，这些食物并非完全出于营养摄入，黑猩猩还懂得食物治疗。研究负责人雪莱·马西和她的研究同事指出，我们猜测自我治疗可能存在于人类祖先，当时存在较高的社会差异性，并且缺乏特殊的素食肠胃系统。

黑猩猩和人类都非常擅长进行彼此之间的社交和学习，其中包括

如何进食。马西说："年龄较大和成功个体被认为是学习的最佳榜样。"他们通过分析发现黑

猩猩所食的多数非营养食物和轻微有毒食物都具有一定的药用价值。基于这项研究，黑猩猩的"药箱"包括：箭毒树叶（抗肿瘤）、破布木芯（抗疟疾和抗病菌）、无花果（抗病毒）、无花果树皮（抗腹泻去蠕虫药剂）等。它们看上去好像有意地寻找发现具有药用价值的植物，甚至在营养美味食物触手可及的情况下也会消耗一些药用植物。

研究黑猩猩15年之久的法国人柯莉夫的研究结果表明，黑猩猩生病的时候跟平时吃的食物不一样，这就意味着黑猩猩会给自己治病。柯莉夫也注意到黑猩猩吃"金鸡纳霜"叶子治疗疟疾的时候会跟沙子一起吃，经过研究，柯莉夫发现，"金鸡纳霜"加沙子的抗疟疾效果的确比较好。小朋友们，黑猩猩是不是十分聪明呢？

4.4 机智的捕猎者

黑猩猩食量很大，每天要用 5~6 个小时觅食，吃以香蕉为主的水果、树叶、根茎、花、种子和树皮，有些个体经常吃昆虫、鸟蛋或捕捉小羚羊、小狒狒和猴子，雄性获得的猎物允许群内成员共享。有趣的是，黑猩猩善于将草秆捅进白蚁穴内，待白蚁爬满后抽出，抿进嘴里吃掉。在树上

营造很简单的巢，只用一夜即转移他处。较大猩猩更近于树栖，也能用略弯曲的下肢在地面行走。黑猩猩会利用不同的方法来取不同的食物，黑猩猩会利用舔满口水的细枝来粘蚂蚁，并利用两块石器放置、敲开果实。

黑猩猩有时会捕食一些猴类。有趣的是，黑猩猩在捕食猴类时会策划战术，由于黑猩猩无法在树上捕捉灵敏的疣猴，因此有一只黑猩猩会先从地面上超过树上的疣猴群，而其他黑猩猩则会从树上将它们聚集并驱赶到埋伏地点，当地面上的黑猩猩到达埋伏地点时会在树下等候，此时其他黑猩猩会堵住疣猴群的路，只留下一条有埋伏的通道，当疣猴进入这条路时，埋伏的黑猩猩再将其猎杀。

延伸：会作画的黑猩猩

据科学家们实验发现，黑猩猩在画画方面的最初阶段和孩子们学画画所经历的几个阶段是一样的。科学家们把黑猩猩的绘画"创作"和孩子比较，发现黑猩猩开始时画直线，接着会画成垂直相交的两条线，至多还会画圆圈，从此再没有什么进步了。孩子们呢，开始时乱涂乱画，画一些线条，接着会画圆圈，再下去就会画人脸，画人。黑猩猩做不到这一点。黑猩猩画画时，能做到构图的对称，在这方面比孩子

们强。黑猩猩把图画安排在纸的中央，从数学上看是很准确的。如果在纸角上画，四个角上的画大小很相似。图画中心的图案装饰也是对称的。像这样的画，4岁以前的孩子是画不出来的，每只黑猩猩画画时都有各自的画法和图形。这也表明黑猩猩很聪明，不要说其他动物，就是人类近亲中的其他猿类，也没有哪个有如此高的智慧。

89

5 神秘的家族：倭黑猩猩

在了解了黑猩猩之后，我们再来认识一下倭黑猩猩吧。倭黑猩猩也被称为"小黑猩猩"，是被人类发现最晚的一种类人猿．它们的基因与人类的相似程度高达98%。它们和人类的近缘性相当于狐狸和狗的关系。倭黑猩猩的某些行为在类人猿中也是与人类最为接近的。它们生活在非洲刚果

盆地，由于栖息地的破坏、偷猎等人类活动的影响，它们的数量已不足一万只，被国际自然保护联盟（IUCN）列为濒危级。

人们经常会将黑猩猩与大猩猩搞混，但稍微仔细观察一下，就可以发现它们是明显不同的，黑猩猩的体形远比大猩猩小。倭黑猩猩的体态纤细，头小，前额高，鼻孔宽，肩窄，腿较长，体重一般为黑猩猩的一半，但身高差不多。黝黑的面颊衬托出微红的双

唇和两只小耳朵，而最引人注目的是它们充满个性的发型——又长又细的黑发形成整齐的分头。有趣的是，它们脚的第二、三趾之间略有像鸭子似的"蹼"，这叫"蹼化相连"，这一形态特点目前还没有一种合适的解释。

5.1 截然不同的生活习惯

正如倭河马、倭狐猴、倭狨一样，它们的名字前面都冠以"倭"字，意为矮小的、小型的。但是，小朋友们要注意啦，如果你仅以它们的体形大小来区别河马和倭河马、黑猩猩和倭黑猩猩的话，就大错特错了。除了形态的区别之外，它们在遗传、生理结构、心理特征、生活习性、行为生态、

生存环境等诸多方面有许多不同之处，有的甚至是截然迥异的。

倭黑猩猩比黑猩猩更适应树栖。它们在树间能跑善跳，身手灵活，常可见到类似于长臂猿的"臂荡运动"，但下到地面则变为"指行运动"。它们也是家族式群居，每群6~15只不等，在食物充裕的季节或地区可发现几个群体在一起觅食活动。倭黑猩猩也不如黑猩猩那样擅长使用工具，在倭黑猩猩身上很少见到它们用石头敲击坚果，或用树枝掏食白蚁。倭黑猩猩的性格比较内向，它们可能厌烦装腔作势，而与之相比，黑猩猩就外向多了。雄性黑猩猩酷爱炫耀自己：乱扔石块、折断树枝、拔出小树等等，而雄性倭黑猩猩只不过会拉着一枝树杈小跑一阵儿。

倭黑猩猩主要以成熟香甜的果实和鲜嫩的树叶、枝芽、树皮、花朵和种子为食，也捕食无脊椎动物或小型脊椎动物，它们的食谱中动物蛋白的含量很少，黑猩猩有时捕食猴子或者狒狒的幼崽，而这种行为在倭黑猩猩中从未发现过。

5.2 无止境的物种探秘

在怀胎8个多月之后，新的小生命就来到了世间，雌性倭黑猩猩也如人类的母亲一般，会细心照顾幼崽，与它的孩子嬉闹，当孩子不听话时，也很少看到妈妈责打或吓唬它的小宝贝。倭黑猩猩和黑猩猩交流情感和意图的方式大致相同，它们通过丰富的面部表情表达自己的喜怒哀乐，它们

会伸出手掌乞求别人的施舍，而当达不到目的时，会发出与黑猩猩不同的尖厉的叫声。

直到今日，科学家对这种奇特物种的了解虽然有了长足的进展，但在倭黑猩猩的世界里仍有许多未明的领域值得人们去研究。众多的科学家们为了揭开倭黑猩猩世界的奥秘而不懈努力着，这是一个神秘的，充满着奇异色彩的，甚至是不可思议的世界。

第三章 猩球趣闻
dì sān zhāng xīng qiú qù wén

1 会说话的黑猩猩
huì shuō huà de hēi xīng xing

苏格兰圣安德鲁斯大学的灵长类动物专家披露了一个
sū gé lán shèng ān dé lǔ sī dà xué de líng zhǎng lèi dòng wù zhuān jiā pī lù le yí gè

令人惊喜的消息：苏格兰爱丁堡动物园内的黑猩猩会使用
lìng rén jīng xǐ de xiāo xi　　sū gé lán ài dīng bǎo dòng wù yuán nèi de hēi xīng xing huì shǐ yòng

一种粗糙的语言，它能告诉对方自己找到了什么样的食
yì zhǒng cū cāo de yǔ yán　　tā néng gào su duì fāng zì jǐ zhǎo dào le shén me yàng de shí

wù
物！

yán jiū rén yuán chēng　hēi xīng xing fā chū gāo diào de zào yīn huò dī diào de gū lu
研究人员称，黑猩猩发出高调的噪音或低调的咕噜

shēng　míng què de gào su duì fāng tā men zài wéi lán nèi fā xiàn de shí wù　kē xué jiā
声，明确地告诉对方它们在围栏内发现的食物。科学家

chēng　xiāng bǐ yú yuán lèi　yǐ qián de yán jiū fā xiàn　hóu zi tōng guò shēng yīn duì tā men
称，相比于猿类，以前的研究发现，猴子通过声音对它们

shēng huó huán jìng zhōng fā shēng de shì jiàn jìn xíng jiāo liú　jù yuán néng gòu shǐ yòng shǒu yǔ
生活环境中发生的事件进行交流，巨猿能够使用手语

jìn xíng jiāo liú　zhè xiàng xīn fā xiàn shì shǒu gè jù yuán yě huì shǐ yòng yǔ yīn jìn xíng jiāo liú
进行交流。这项新发现是首个巨猿也会使用语音进行交流

de zhèng jù
的证据。

zài jī yīn shang yǔ rén lèi zuì wéi qīn yuán de jù yuán bāo kuò dà xīng xing　hēi xīng xing
在基因上与人类最为亲缘的巨猿包括大猩猩、黑猩猩

和猩猩。在据《现代生物学》杂志发表的研究报告中提到，在苏格兰爱丁堡动物园，当研究人员发现它们喜欢的面包时，黑猩猩发出声调极高的声音，当它们发现不太喜欢的苹果时则发出低沉的咕噜声。

在对它们发出的各种不同声音进行研究后，研究人员开始探究其他黑猩猩听众所理解的意思是否与研究人员认为

的具有一致性。研究人员发现，听到不同声音的黑猩猩确实理解了对方传达的不同意思。科学家将黑猩猩发出的不同声音录下来，然后再将这些声音播放给围栏中的黑猩猩。当黑猩猩听到代表"面包"的声音时，它们就会查看在围栏里经常发现面包的地方。当播放代表"苹果"的声音时，黑猩猩便随之去寻找苹果。

卡蒂·斯洛科姆和他的同事卡洛斯·祖贝布勒一直在对此进行研究，卡蒂说："它表明通过简单地听到彼此的呼叫声，黑猩猩能够推断出呼叫者发现了何种食物。"当黑猩猩单独进食的时候，几乎从不发出声音。

2 宇航员哈姆

哈姆是美国的黑猩猩宇航员，干的是一份非常严肃的工作。半个多世纪前，为了在太空竞赛中打败苏联，美国特意培训了40只黑猩猩宇航员，哈姆便是其中之一。此外，它也是人类历史上第一只被送入太空的黑猩猩。

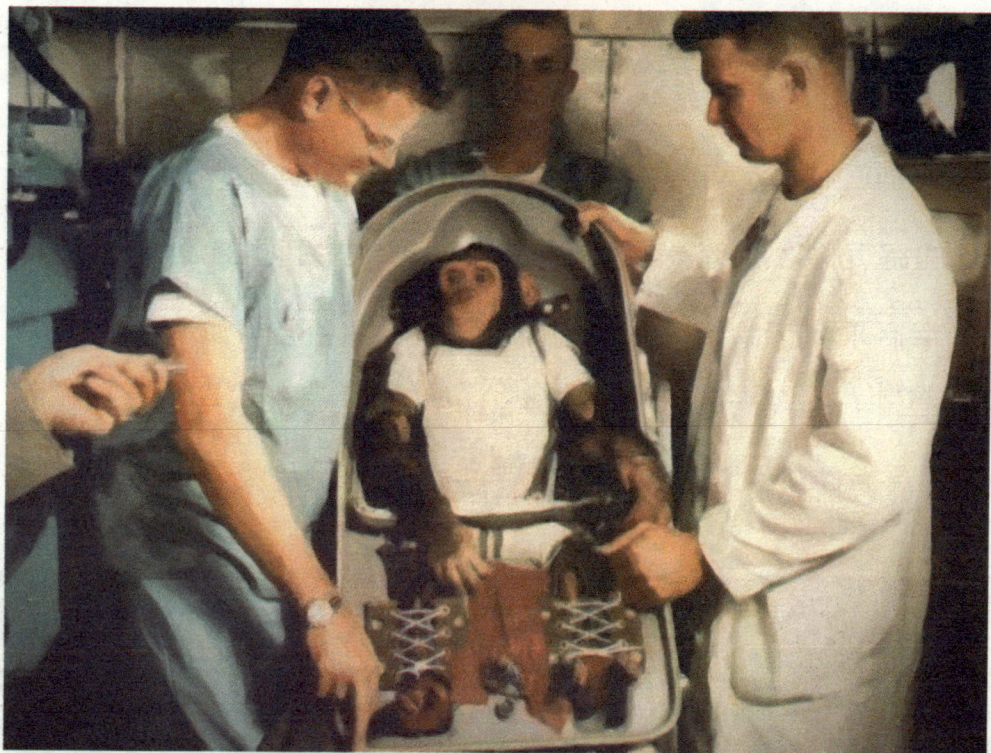

当时，将人类送入太空被誉为太空探索的"圣杯"，面对苏联人距离问鼎这个圣杯越来越近的态势，美国人决定派3岁大的黑猩猩哈姆出场，将它送入太空以确定人类能否在太空环境下幸存下来。形象地说，哈姆就像是煤矿里的金丝雀（金丝雀对瓦斯或其他毒气特别敏感，只要有非常淡薄的瓦斯产生，对人体还远不能有致命作用时，金丝雀就已经失去知觉而昏倒。矿工们察觉到这种情景后，可立即撤出矿井，避免伤亡事故的发生）。

在此之前，前苏联曾将狗送入太空。美国选择黑猩猩是因为这种动物与人类有很多相似之处。哈姆的老家在非洲的喀麦隆，曾经是佛罗里达州一家动物园的明星。美国空军后来买下哈姆，并决定将它送入太空。在此之前，只有果蝇、恒河猴以及一条名为"莱卡"的狗曾进入太空。莱卡是一条俄罗斯猎犬，1957年11月搭乘"史普尼克2号"卫星进

入地球轨道，成为历史上第一只遨游太空的动物。在氧气耗尽前，"莱卡"共在太空存活了7天时间。

"Ham"这个名字取自新墨西哥州霍洛曼航空航天医疗中心的首字母缩写，哈姆曾在这里受训。与莱卡有所不同的是，哈姆不仅要顺利进入太空，同时还要安全返回地球。为了此次太空之旅，哈姆以及其他黑猩猩准备了两年半之久。

它们接受培训以具备完成简单任务的能力，即对光线和声音做出反应。它们要在看到蓝色闪光5秒钟内推动推杆，成功完成的话可获得一个香蕉丸作为奖励，失败时脚底会遭到轻微电击。

科学家小组利用各种仪器对黑猩猩进行测试，测量它们在面对各种引力、速度和温度情况下的压力。它们在测试中吃的食物是为太空飞行准备的香蕉囊。1961年1月31日，哈姆以MR-2任务组成员身份进入太空。不幸的是，此次任务很快就出现问题。飞行路线角度高于原定计划，导致飞船进入了高于原计划的太空区域，太空舱内含氧量开始下降。在6分钟的太空飞行中，太空舱以大约每小时846千米的速度在太空中穿行，哈姆充分体验到什么叫失重状态。16分39秒钟之后,太空舱坠入大西洋。营救人员随即出发,打捞太空舱。出舱后的哈姆获得一个苹果和半个橘子,以示奖励。此次太空之旅让哈姆毫发未损,后被送到华盛顿国家动物园,并在那里生活了17年。哈姆最后在北卡罗来纳州动物园去世,享年25岁。

太空竞赛并没有因为哈姆的升空宣告结束。虽然美国人宣称成功将一只灵长类动物送入太空,但苏联人却指出此次飞行只进入亚轨道,换句话说,还算不上一次真正意义上的太空之旅。1961年4月12日,苏联宇航员尤里·加加林创造历史,搭乘"东方1号"飞船成为进入太空第一人。一个月之后的5月5日,美国人也实现这一突破,将谢泼德送入太空,谢泼德也因此成为美国历史上第一位进入太空的宇航员。

3 电影明星奇塔的骗局

关于奇塔的故事还要从它的主人——好莱坞驯兽师托尼·金特里讲起。1932年，托尼在一次前往西非国家利比里亚的旅行途中遇见了幼小的奇塔。托尼偷偷把它藏在自己的夹克里面，登上泛美航空公司的飞机，回到了美国。从此，托尼把踏上美国土地的那一天——4月9日确定为奇塔的生

日。

1934 年，已经退役的前奥运游泳冠军约翰尼·韦斯默勒准备出演一部电影《人猿泰山》，需要一只小黑猩猩扮演角色。小奇塔超凡的与人类沟通的能力以及极强的表现欲让托尼相信，它就是最好的选择。果然，奇塔凭借这部电影一炮而红，成为当时家喻户晓的动物明星。托尼还表示，1951 年，奇塔出演了美国前总统里根主演的喜剧电影《君子红颜》。此后，奇塔还在《杜立德医生》中有精彩的表现。

随着年龄的增大，奇塔逐渐淡出荧屏，在洛杉矶郊外的度假胜地安度晚年。不过，模仿力极强的奇塔还会经常给游客表演弹钢琴、用叉子搅动意大利面、用手指蘸白兰地酒然后品尝等小节目。甚至有报道说，奇塔还可以推着坐在轮椅上的托尼行走一段距离。1991年，托尼的身体状况逐渐恶化。托尼认为自己死后再也没有人能够像他一样照顾奇塔，于是在遗嘱中表示在他死后要把奇塔放归大自然。

如果没有托尼的侄子丹·维斯特法的出现，奇塔的传奇故事或许将就此告一段落。维斯特法也曾经是一名驯兽师，

tā shuō fú le
他说服了

tuō ní ràng zì jǐ
托尼让自己

zhào kàn qí tǎ
照看奇塔。

wéi sī tè fǎ zài
维斯特法在

yì míng dòng wù
一名动物

xué jiā de gǔ lì
学家的鼓励

xià zài zōng lǘ
下，在棕榈

quán jiàn lì le yī
泉建立了一

suǒ zhuān mén shōu yǎng líng zhǎng lèi dòng wù de bì nàn suǒ qí tǎ de biǎo yǎn dài lái le kě
所专门收养灵长类动物的避难所。奇塔的表演带来了可

guān de shōu rù wèi bì nàn suǒ de rì cháng yùn zhuǎn tí gōng le zī jīn zhī chí
观的收入，为避难所的日常运转提供了资金支持。

nián rén men zài zōng lǘ quán wèi qí tǎ qìng zhù le suì shēng rì měi
2007年，人们在棕榈泉为奇塔庆祝了75岁生日。美

guó zhòng duō shè huì míng liú hái zhuān mén chàng yì zài hǎo lái wù de xīng guāng dà dào shàng gěi
国众多社会名流还专门倡议在好莱坞的星光大道上给

qí tǎ yì xí zhī dì nián dǐ wéi sī tè fǎ de jīng jì rén zhǎo dào měi guó zuò jiā
奇塔一席之地。2007年底，维斯特法的经纪人找到美国作家

lǐ chá dé luó sēn xī wàng ràng tā xiě yì bù guān yú hēi xīng xing qí tǎ de zhuàn jì
理查德·罗森，希望让他写一部关于黑猩猩奇塔的传记。

qǐ chū luó sēn duì yú jiē shòu zhè xiàng gōng zuò gǎn dào fēi cháng xīng fèn dàn suí zhe yì xiē
起初，罗森对于接受这项工作感到非常兴奋。但随着一些

shì shí diào chá de shēn rù luó sēn duì qí tǎ shēn shì de yí diǎn yě zài bù duàn zēng jiā
事实调查的深入，罗森对奇塔身世的疑点也在不断增加。

shǒu xiān tuō ní céng xuān chēng nián tā chéng zuò fàn měi háng kōng de fēi jī bǎ
首先，托尼曾宣称1932年他乘坐泛美航空的飞机把

奇塔带到了美国。而罗森的调查显示，横跨大西洋的航班直到1939年才正式开始。其次，罗森在仔细观看了电影《杜立德医生》后发现，其中一段表演所使用的黑猩猩从体形上看明显不足8岁。这部电影拍摄于1966年，如果按照托尼的说法，奇塔当时已经至少34岁。所以影片中的黑猩猩肯定不是参演了众多《泰山》系列影片的那个奇塔。经过长时间调查，罗森认为电影《泰山》选用了不止一只"奇塔"，而是一群黑猩猩参与演出。导演根据不同 场 景和故事情节的要求选 用了不同的黑猩猩。

为 证 实自己的观点，罗森几乎看遍了所有《泰山 》系列影片，并且对其 中 的黑猩猩进 行对比。与人类一样，黑猩猩的面 容也会随着时 间的推 移 而 发 生 改变，但耳朵的变化是非 常 有 限的。因此，罗森将所有影片 中 黑猩猩的耳朵与奇塔的照 片对比，但没有找 到 一 双 相 同或相近的耳朵。

罗森还几经周折找 到 了与托尼比较熟的几 名驯兽师朋友。

他们说，奇塔曾经在洛杉矶南部的圣莫尼卡一座游乐园表演。1967年，游乐园关门，奇塔就被卖掉。当时，奇塔只有六七岁的样子。由此推断，它最早应该生于1960年，这远远小于《泰山》系列电影中那个奇塔的年龄。

众多证据表明，奇塔的传奇故事只是一场骗局。

经过反复考虑，罗森最终决定把事情的真相告诉了维斯特法，并应他的要求更改了奇塔网站主页上有关奇塔身世的部分文字。真相的披露并没有降低奇塔在影迷心中的位置。他们纷纷发来电子邮件，表示奇塔传奇的身世和出色的表演远比获知真相重要得多。

4 歌唱明星科科

科科是美国加利福尼亚州的一只聪明的雌性大猩猩。在一批科学家的精心培养下，科科是为数不多的会美国手语的大猩猩之一。它属于低地大猩猩，原来生活在非洲中部。现在，科科生活在加州伍德赛德地区的大猩猩研究所里。有相关媒体报道，2003年7月的一天，科科突然向工作人员"求救"，它不断地用手指着自己的嘴巴，它是在告诉工作

人员自己的牙正疼得厉害。工作人员立即帮科科找来了牙医。在牙医工作的时候，科科不但乖乖地躺在手术床上，还大大张开嘴巴，和医生进行交流。

"它实在是太聪明了。它会清楚地告诉我们它感觉如何，哪里疼，疼得多厉害。"在场的约翰保罗·斯雷特大夫惊讶地表示。经过检查，牙医决定拔掉科科出问题的牙齿，在科科接受麻醉以前，它还做出手势，要求"老师"陪在自己身边。

近来，科科已经开始向娱乐界发展——由它作词的镭射光盘已录制完成。这部新专辑叫《好动物大猩猩》，是根据科科的手语定的名，其中的歌曲风格多样，从摇滚到摇篮曲，应有尽有。其实，科科自然不会作曲和演唱，但本专辑歌词全是它写的，是人们根据它的手语记下来，由作曲家作曲，歌唱家演唱的。难怪，加利福尼亚旧金山"大猩猩基金会"女发言人詹妮弗·帕特森称，科科是个内心世界十分复杂的猩猩。

5 捉罪犯的南非猩猩

家住南非约翰内斯堡动物园附近的迪克曼先生有一天突然发现自己家的车库中来了一位不速之客。面对这位手持左轮手枪的"客人"，迪克曼拉响报警器。小偷闻声拔腿便向动物园方向跑去，然后翻过8米高的墙跳入了动物园。跳入高墙之后，这名小偷发现他正面对着动物园内最著名的动物之一——低地黑猩猩麦克斯。

时年26岁、体重180千克的黑猩猩麦克斯见一人无端越墙而入后，十分气

恼，为了保护它的领地及其配偶丽萨的安全，麦克斯在圈笼中向小偷发起了攻击。小偷扣动扳机向麦克斯射击，麦克斯的下颌和肩颈两处受伤。此时，追捕小偷的警察和动物园的管理人员也都闻讯赶到，在笼中四处追逐小偷，最终开枪将他击伤后拖出圈笼。但两名警察也被麦克斯咬伤，若不是一名动物园管理员用泡沫灭火器猛烈喷射，狂暴的麦克斯仍不肯停止战斗。一场混战之后，受伤的黑猩猩、警察和小偷都被紧急送往医院接受治疗。

6 会抽烟的大猩猩

南非动物园一只大猩猩因为喜欢抽烟而声名远播，日前去世，52岁高龄。这只名叫"查理"的大猩猩多年前，因为游客丢给它一支香烟，开始爱上吞云吐雾，随后"查理"因为爱抽烟，成为动物园最有名气的动物，每年因此吸引成千上万名游客前来观看。过去多年来，虽然园方想尽方法让"查理"

戒烟，同时也劝阻游客拿烟给"查理"，但是显然都不成功。通常，大猩猩的平均寿命是40岁，动物园发言人说，他很难想象，"查理"有抽烟恶习，居然还能多活10年。不过，"查理"不是唯一染有人类恶习的动物，2010年2月，有媒体报道，一只俄罗斯大猩猩经常向游客要烟酒，而被送进勒戒所。

小朋友们要注意，未经允许投喂动物园的动物是一种十分不文明的行为，同时，也会损害动物的身体健康。请遵循动物园的规定，做个文明游览的小游客哟！

7 爱看动画片的大猩猩

说来有趣，大猩猩也和孩子一样，对精彩动画片情有独钟。

最近，美国一家动物园为了给大猩猩解闷，专门给它们配备电视机，为它们播放电视节目。这一举措，深入"猩"心，它们立刻迷上了电视。据报道，美国达拉斯动物园的大猩猩在户外放养过程中曾发生逃跑和袭击游客事件，因此动物园将几

只猩猩一起转移到了室内饲养区。可猩猩们一下子远离了原

先喧哗、自由的开放领地后，表现得很不适应。它们大都情绪

低落，整天闷闷不乐。为了帮助它们尽快调整状态，使它们

重新快乐起来，动物园的管理员动了不少脑筋，使出了许多

很有创造性的新招，给大猩猩看电视就是其中最有效果的办

法之一。管理员特意把电视机放到大猩猩的"住所"里，并给它

们播放各种电视节目。令人欣慰的是，大猩猩们相当合作，

它们对看电视兴趣十足，一看起电视来，情绪就明显好多了。而

且，经过一段时间的观察，管理员发现，大猩猩们似乎很具有小孩子的天性，它们最喜爱的节目是动画片。迪斯尼的经典动画巨作《狮子王》《美女与野兽》《美人鱼》等是大猩猩最爱看的节目。达拉斯动物园的一名负责人透露说："当然了，大猩猩们并不理解这些动画片的故事情节，它们主要是喜欢动画片中优美的音乐、绚丽的色彩和活泼的动作。"